Puzzle 1 (Easy, difficulty rating 0.44)

	6		4					1
2			5			6		7
8	5			2		9		
		8		9				2
			1		2			
4				8		7		
		5		1			6	9
3		1			4			5
6					7		2	

Puzzle 2 (Easy, difficulty rating 0.44)

	2	4						
	3	9	2	1		5		
8				7		6	3	
	6		4			1		
			7		3			
		3			2		9	
	7	2		4				9
		6		9	8	7	2	
						4	1	

Puzzle 3 (Easy, difficulty rating 0.38)

1			8	6		3		
4	2	3				7		
	8			2				
		8	7	5			2	1
5	6			1	3	8		
				8			5	
		1				4	6	9
		2		3	9			8

Puzzle 4 (Easy, difficulty rating 0.44)

3					2	9	6	
	6				9		7	4
7				4				
		2	4					7
1	9						2	5
5					7	1		
				9				2
2	7		6				4	
	8	5	2					3

Puzzle 5 (Easy, difficulty rating 0.42)

	4		9			7		
5			8			1		
1					6	3		8
			7	2		4	8	
	8			6			3	
	9	7		3	8			
6		8	1					4
		5			7			6
		4			2		5	

Puzzle 6 (Easy, difficulty rating 0.42)

				5			7	
7			1		9	6		2
					8		9	
		6	5		3			
5	9		4		7		6	1
			9		2	3		
	1		2					
2		7	3		6			5
	5			4				

Puzzle 7 (Easy, difficulty rating 0.35)

	2			9		1		
	9		3	8				5
		4				6		
4						7	8	1
2			5		4			6
6	3	1						2
		5				3		
9				3	7		5	
		2		6			1	

Puzzle 8 (Easy, difficulty rating 0.40)

					4	2		3
	8	4				7		
3	1	7		5	8			
		3			7	6		
9				3				8
		8	5			3		
			3	4		5	6	1
		1				9	2	
4		2	9					

Puzzle 9 (Easy, difficulty rating 0.33)

		6	8	1	7			5
				5		9	2	
8				3			1	
						5	3	2
5								9
3	1	8						
	5			2				7
	6	3		4				
9			1	7	5	4		

Puzzle 10 (Easy, difficulty rating 0.42)

		8				6	9		
	2			4			5	
9	3			2				4
1	8		6					
	9		4		8		7	
					9		1	5
3				8			4	1
	4			6			2	
		6	5			3		

Puzzle 11 (Easy, difficulty rating 0.40)

					6		2	4
	6	5	7	4				1
	8				5			
	1		9			4	3	
9								7
	4	7			1		5	
			5				6	
3				7	2	9	1	
1	2		3					

Puzzle 12 (Easy, difficulty rating 0.33)

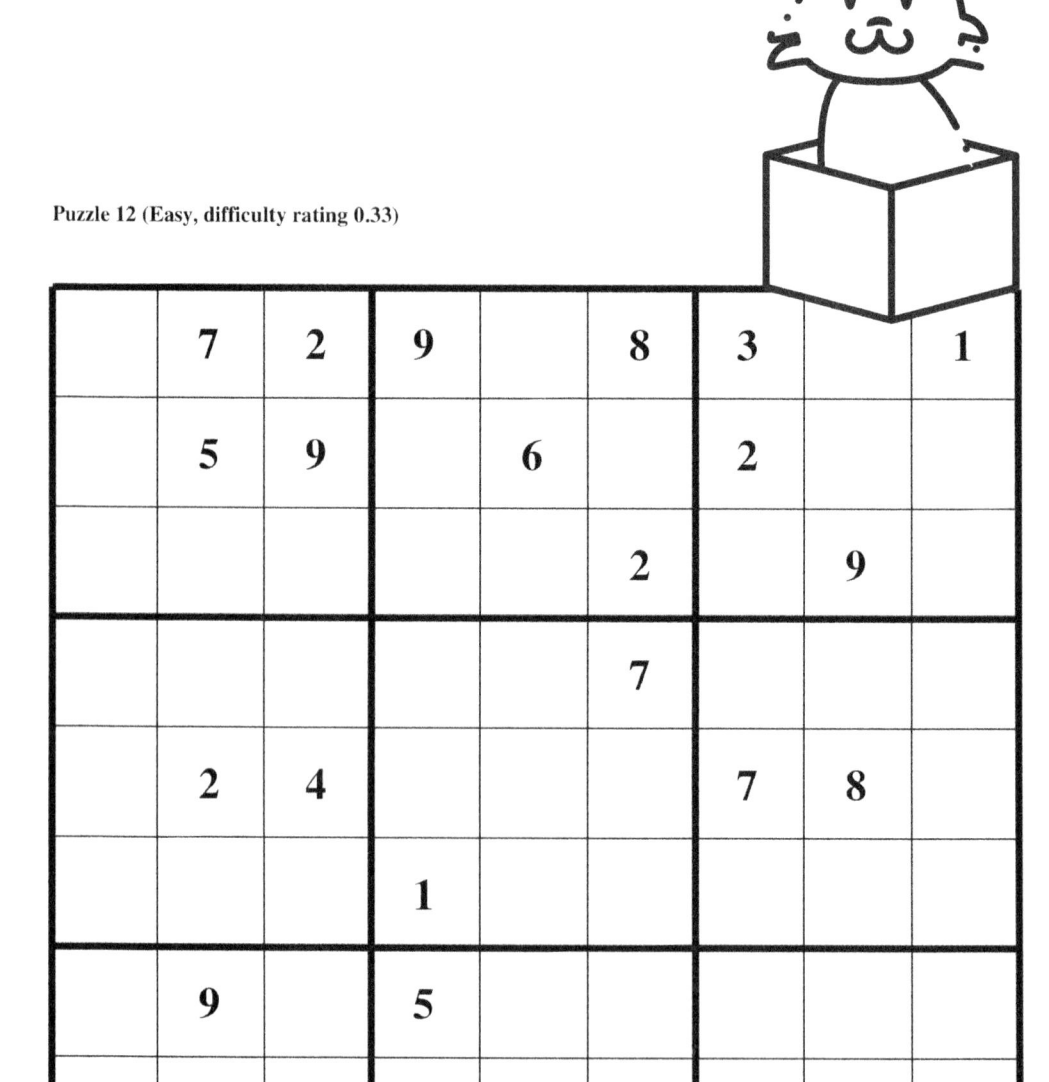

	7	2	9		8	3		1
	5	9		6		2		
					2		9	
					7			
	2	4				7	8	
			1					
	9		5					
		3		1		6	7	
8		7	6		4	9	3	

Puzzle 13 (Easy, difficulty rating 0.43)

					7			
1	3	7				6	5	
						3		
	9		2	4	1	5	6	
		5	6		8	9		
	7	1	3	5	9		2	
		8						
	6	9				8	3	1
			5					

Puzzle 14 (Easy, difficulty rating 0.34)

		9	6	1				5
	5				8		4	3
2			3					
	2						3	
	1	3	8		6	9	7	
	9						6	
				4				2
7	3		5				9	
4				6	1	3		

Puzzle 15 (Easy, difficulty rating 0.44)

2			8			1		
			5			7		
9			7					5
7		9	4		5		3	
4			9	3	6			2
	5		1		2	9		8
5					7			9
		3			8			
		7			9			4

Puzzle 16 (Easy, difficulty rating 0.41)

	5		8	6		1		
3					7			
	7			9				4
9					8	4		2
1		5					7	6
2		8	6					9
6				3			5	
				2				8
		2		8	6		7	

Puzzle 17 (Easy, difficulty rating 0.41)

3			7		1	4		9
				5				
7			8	4		6		
4		5	1				6	
	9			6			8	
	6				7	1		5
		8		7	9			4
				8				
6		7	3		5			8

Puzzle 18 (Easy, difficulty rating 0.40)

1		5	3				7	2	
				9	4			
							1	4
3	6			4				1
4		2		1		8		3
7				2			4	5
5	9							
			4	8				
	7	4			1	3		6

Puzzle 19 (Easy, difficulty rating 0.40)

3	6	9						
5			7		3			4
			1	9	2			
9							5	1
		4	5		1	7		
8	1							2
			4	8	6			
4			2		9			3
						4	6	9

Puzzle 20 (Easy, difficulty rating 0.37)

			7		1		3	
			2				8	5
		7		5			2	9
		3		2				6
5		8		4		9		7
4				7		2		
3	7			8		5		
1	8				6			
	6		5		7			

Puzzle 21 (Easy, difficulty rating 0.34)

		7				2	5	
8		1			7			
	6		9				1	8
5			6			1	4	
			5	8	1			
	2	6			3			9
7	5				9		2	
			1			9		3
	1	3				4		

Puzzle 22 (Easy, difficulty rating 0.32)

4	7				9			8
			4	6	2			7
							3	
	5			3			7	4
6		4		2		8		9
7	1			8			5	
	6							
2			1	9	8			
8			5				4	2

Puzzle 23 (Easy, difficulty rating 0.18)

			3				1	
	5	8				4	6	
1		9	4				8	3
4			7			1		
	1			6			7	
		6			3			8
8	6				4	5		9
	7	2				6	4	
	3				1			

Puzzle 24 (Easy, difficulty rating 0.37)

		7					2	
		6	2					5
		9	5	3			1	7
	8	2				6	4	3
5	7	1				2	9	
7	3			9	4	5		
1					7	8		
	6					1		

Puzzle 1 (Easy, difficulty rating 0.44)

9	6	3	4	7	8	2	5	1
2	1	4	5	3	9	6	8	7
8	5	7	6	2	1	9	3	4
1	3	8	7	9	6	5	4	2
5	7	6	1	4	2	3	9	8
4	9	2	3	8	5	7	1	6
7	8	5	2	1	3	4	6	9
3	2	1	9	6	4	8	7	5
6	4	9	8	5	7	1	2	3

Puzzle 2 (Easy, difficulty rating 0.44)

6	2	4	8	3	5	9	7	1
7	3	9	2	1	6	5	4	8
8	1	5	9	7	4	6	3	2
2	6	7	4	8	9	1	5	3
9	8	1	7	5	3	2	6	4
4	5	3	1	6	2	8	9	7
5	7	2	6	4	1	3	8	9
1	4	6	3	9	8	7	2	5
3	9	8	5	2	7	4	1	6

Puzzle 3 (Easy, difficulty rating 0.38)

1	7	5	8	6	4	3	9	2
4	2	3	1	9	5	7	8	6
9	8	6	3	2	7	5	1	4
3	4	8	7	5	6	9	2	1
2	1	7	9	4	8	6	3	5
5	6	9	2	1	3	8	4	7
7	9	4	6	8	1	2	5	3
8	3	1	5	7	2	4	6	9
6	5	2	4	3	9	1	7	8

Puzzle 4 (Easy, difficulty rating 0.44)

3	5	4	7	8	2	9	6	1
8	6	1	5	3	9	2	7	4
7	2	9	1	4	6	3	5	8
6	3	2	4	5	1	8	9	7
1	9	7	8	6	3	4	2	5
5	4	8	9	2	7	1	3	6
4	1	6	3	9	5	7	8	2
2	7	3	6	1	8	5	4	9
9	8	5	2	7	4	6	1	3

Puzzle 5 (Easy, difficulty rating 0.42)

8	4	2	9	1	3	7	6	5
5	6	3	8	7	4	1	9	2
1	7	9	2	5	6	3	4	8
3	5	6	7	2	1	4	8	9
2	8	1	4	6	9	5	3	7
4	9	7	5	3	8	6	2	1
6	3	8	1	9	5	2	7	4
9	2	5	3	4	7	8	1	6
7	1	4	6	8	2	9	5	3

Puzzle 6 (Easy, difficulty rating 0.42)

9	3	2	6	5	4	1	7	8
7	8	5	1	3	9	6	4	2
1	6	4	7	2	8	5	9	3
4	2	6	5	1	3	9	8	7
5	9	3	4	8	7	2	6	1
8	7	1	9	6	2	3	5	4
6	1	8	2	7	5	4	3	9
2	4	7	3	9	6	8	1	5
3	5	9	8	4	1	7	2	6

Puzzle 7 (Easy, difficulty rating 0.35)

5	2	3	4	9	6	1	7	8
7	9	6	3	8	1	4	2	5
8	1	4	7	5	2	6	9	3
4	5	9	6	2	3	7	8	1
2	8	7	5	1	4	9	3	6
6	3	1	8	7	9	5	4	2
1	7	5	2	4	8	3	6	9
9	6	8	1	3	7	2	5	4
3	4	2	9	6	5	8	1	7

Puzzle 8 (Easy, difficulty rating 0.40)

5	9	6	1	7	4	2	8	3
2	8	4	6	9	3	7	1	5
3	1	7	2	5	8	4	9	6
1	4	3	8	2	7	6	5	9
9	2	5	4	3	6	1	7	8
7	6	8	5	1	9	3	4	2
8	7	9	3	4	2	5	6	1
6	3	1	7	8	5	9	2	4
4	5	2	9	6	1	8	3	7

Puzzle 9 (Easy, difficulty rating 0.33)

2	9	6	8	1	7	3	4	5
1	3	7	6	5	4	9	2	8
8	4	5	2	3	9	7	1	6
6	7	9	4	8	1	5	3	2
5	2	4	7	6	3	1	8	9
3	1	8	5	9	2	6	7	4
4	5	1	3	2	6	8	9	7
7	6	3	9	4	8	2	5	1
9	8	2	1	7	5	4	6	3

Puzzle 10 (Easy, difficulty rating 0.42)

4	7	8	1	5	6	9	3	2
6	2	1	9	4	3	7	5	8
9	3	5	8	2	7	1	6	4
1	8	2	6	7	5	4	9	3
5	9	3	4	1	8	2	7	6
7	6	4	2	3	9	8	1	5
3	5	9	7	8	2	6	4	1
8	4	7	3	6	1	5	2	9
2	1	6	5	9	4	3	8	7

Puzzle 11 (Easy, difficulty rating 0.40)

7	9	3	1	8	6	5	2	4
2	6	5	7	4	3	8	9	1
4	8	1	2	9	5	6	7	3
5	1	8	9	2	7	4	3	6
9	3	2	6	5	4	1	8	7
6	4	7	8	3	1	2	5	9
8	7	4	5	1	9	3	6	2
3	5	6	4	7	2	9	1	8
1	2	9	3	6	8	7	4	5

Puzzle 12 (Easy, difficulty rating 0.33)

4	7	2	9	5	8	3	6	1
3	5	9	7	6	1	2	4	8
6	8	1	4	3	2	5	9	7
9	6	8	2	4	7	1	5	3
1	2	4	3	9	5	7	8	6
7	3	5	1	8	6	4	2	9
2	9	6	5	7	3	8	1	4
5	4	3	8	1	9	6	7	2
8	1	7	6	2	4	9	3	5

Puzzle 13 (Easy, difficulty rating 0.43)

9	5	6	4	3	7	1	8	2
1	3	7	8	9	2	6	5	4
4	8	2	1	6	5	3	7	9
8	9	3	2	4	1	5	6	7
2	4	5	6	7	8	9	1	3
6	7	1	3	5	9	4	2	8
3	2	8	9	1	6	7	4	5
5	6	9	7	2	4	8	3	1
7	1	4	5	8	3	2	9	6

Puzzle 14 (Easy, difficulty rating 0.34)

3	4	9	6	1	7	8	2	5
1	5	6	2	9	8	7	4	3
2	7	8	3	4	5	6	1	9
6	2	4	1	7	9	5	3	8
5	1	3	8	2	6	9	7	4
8	9	7	4	5	3	2	6	1
9	6	5	7	3	4	1	8	2
7	3	1	5	8	2	4	9	6
4	8	2	9	6	1	3	5	7

Puzzle 15 (Easy, difficulty rating 0.44)

2	7	5	8	6	4	1	9	3
8	3	4	5	9	1	7	2	6
9	6	1	7	2	3	4	8	5
7	2	9	4	8	5	6	3	1
4	1	8	9	3	6	5	7	2
3	5	6	1	7	2	9	4	8
5	4	2	3	1	7	8	6	9
1	9	3	6	4	8	2	5	7
6	8	7	2	5	9	3	1	4

Puzzle 16 (Easy, difficulty rating 0.41)

4	5	9	8	6	3	1	2	7
3	2	6	1	4	7	8	9	5
8	7	1	5	9	2	3	6	4
9	6	7	3	5	8	4	1	2
1	3	5	9	2	4	7	8	6
2	4	8	6	7	1	5	3	9
6	8	4	7	3	9	2	5	1
7	9	3	2	1	5	6	4	8
5	1	2	4	8	6	9	7	3

Puzzle 17 (Easy, difficulty rating 0.41)

3	8	6	7	2	1	4	5	9
2	1	4	9	5	6	8	3	7
7	5	9	8	4	3	6	2	1
4	7	5	1	3	8	9	6	2
1	9	2	5	6	4	7	8	3
8	6	3	2	9	7	1	4	5
5	2	8	6	7	9	3	1	4
9	3	1	4	8	2	5	7	6
6	4	7	3	1	5	2	9	8

Puzzle 18 (Easy, difficulty rating 0.40)

1	4	5	3	6	8	7	2	9
6	2	7	1	9	4	5	3	8
9	8	3	5	7	2	6	1	4
3	6	9	8	4	5	2	7	1
4	5	2	9	1	7	8	6	3
7	1	8	6	2	3	9	4	5
5	9	1	7	3	6	4	8	2
2	3	6	4	8	9	1	5	7
8	7	4	2	5	1	3	9	6

Puzzle 19 (Easy, difficulty rating 0.40)

3	6	9	8	5	4	1	2	7
5	2	1	7	6	3	9	8	4
7	4	8	1	9	2	5	3	6
9	7	2	6	4	8	3	5	1
6	3	4	5	2	1	7	9	8
8	1	5	9	3	7	6	4	2
1	9	3	4	8	6	2	7	5
4	5	6	2	7	9	8	1	3
2	8	7	3	1	5	4	6	9

Puzzle 20 (Easy, difficulty rating 0.37)

8	5	2	7	9	1	6	3	4
9	3	1	2	6	4	7	8	5
6	4	7	3	5	8	1	2	9
7	9	3	1	2	5	8	4	6
5	2	8	6	4	3	9	1	7
4	1	6	8	7	9	2	5	3
3	7	9	4	8	2	5	6	1
1	8	5	9	3	6	4	7	2
2	6	4	5	1	7	3	9	8

Puzzle 21 (Easy, difficulty rating 0.34)

3	9	7	8	1	6	2	5	4
8	4	1	2	5	7	3	9	6
2	6	5	9	3	4	7	1	8
5	3	8	6	9	2	1	4	7
4	7	9	5	8	1	6	3	2
1	2	6	4	7	3	5	8	9
7	5	4	3	6	9	8	2	1
6	8	2	1	4	5	9	7	3
9	1	3	7	2	8	4	6	5

Puzzle 22 (Easy, difficulty rating 0.32)

4	7	6	3	1	9	5	2	8
3	8	5	4	6	2	1	9	7
1	2	9	8	5	7	4	3	6
9	5	8	6	3	1	2	7	4
6	3	4	7	2	5	8	1	9
7	1	2	9	8	4	6	5	3
5	6	7	2	4	3	9	8	1
2	4	3	1	9	8	7	6	5
8	9	1	5	7	6	3	4	2

Puzzle 23 (Easy, difficulty rating 0.18)

6	4	7	3	8	2	9	1	5
3	5	8	9	1	7	4	6	2
1	2	9	4	5	6	7	8	3
4	8	3	7	2	5	1	9	6
2	1	5	8	6	9	3	7	4
7	9	6	1	4	3	2	5	8
8	6	1	2	7	4	5	3	9
9	7	2	5	3	8	6	4	1
5	3	4	6	9	1	8	2	7

Puzzle 24 (Easy, difficulty rating 0.37)

3	5	7	8	4	1	9	2	6
4	1	6	2	7	9	3	8	5
8	2	9	5	3	6	4	1	7
9	8	2	7	1	5	6	4	3
6	4	3	9	8	2	7	5	1
5	7	1	4	6	3	2	9	8
7	3	8	1	9	4	5	6	2
1	9	5	6	2	7	8	3	4
2	6	4	3	5	8	1	7	9

Printed in Great Britain
by Amazon